www.ingramcontent.com/pod-product-compliance
Lightning Source LLC
Chambersburg PA
CBHW080940170526
45158CB00008B/2323
* 9 7 8 1 0 9 0 9 8 7 7 2 3 *